身边生动的自然课

青翠欲滴的蔬菜

中国科学院院士　匡廷云◎著

吉林科学技术出版社

图书在版编目（CIP）数据

青翠欲滴的蔬菜 / 匡廷云著 ； 王丹丹译. -- 长春 ：
吉林科学技术出版社, 2018.6
（身边生动的自然课）
ISBN 978-7-5578-3974-1

Ⅰ. ①青… Ⅱ. ①匡… ②王… Ⅲ. ①蔬菜－儿童读
物 Ⅳ. ①S63-49

中国版本图书馆CIP数据核字(2018)第075966号

青翠欲滴的蔬菜 QINGCUI-YUDI DE SHUCAI

著　　者　匡廷云
译　　者　王丹丹
绘　　者　[日]藤原智
出 版 人　李　梁
责任编辑　潘竞翔　赵渤婷
封面设计　长春美印图文设计有限公司
制　　版　长春美印图文设计有限公司
开　　本　880 mm × 1230 mm　1/20
字　　数　40千字
印　　张　2.5
印　　数　1-8000册
版　　次　2018年6月第1版
印　　次　2018年6月第1次印刷

出　　版　吉林科学技术出版社
发　　行　吉林科学技术出版社
地　　址　长春市人民大街4646号
邮　　编　130021
发行部电话/传真　0431-85677817　85635177　85651759
85651628　85600611　85670016
储运部电话　0431-84612872
编辑部电话　0431-86037576
网　　址　www.jlstp.net
印　　刷　长春新华印刷集团有限公司

书　　号　ISBN 978-7-5578-3974-1
定　　价　28.00元

前　言

地球上千奇百怪的植物始终伴随着人类的发展历程，人类生活习惯的演变离不开植物世界。路边的小草、庭院里的盆花、餐桌上的蔬果、园子里的果树，它们发生过什么有趣的事？兰花有多少种？含羞草为什么能预报天气？如何迅速区分玫瑰与月季？三叶草只有三片叶子吗？无花果会开花吗？莲花的姐妹是谁？麦冬的哪个部分可供药用？人类与植物世界存在着怎样的联系？植物之间是如何相互依存、相互影响的？……本系列丛书为孩子展现了生活中最常见植物的独特之处，不仅能够培养孩子的观察、思考能力，还能够丰富他们的想象力，提高他们的创造力，是一套值得小读者阅读的科普读物。

中国科学院院士

中国著名植物学家

匡廷云

目录

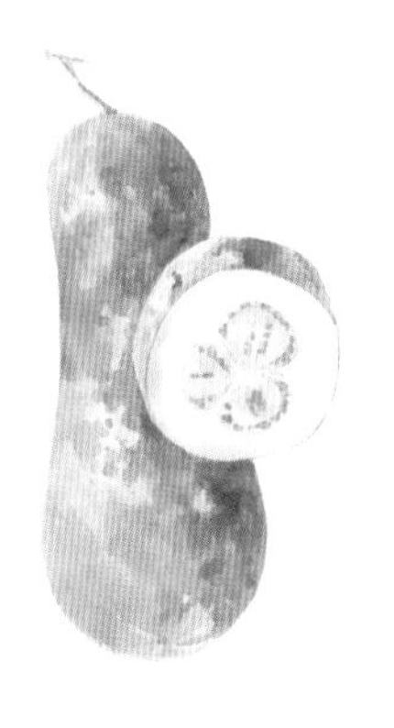

冬瓜

番薯

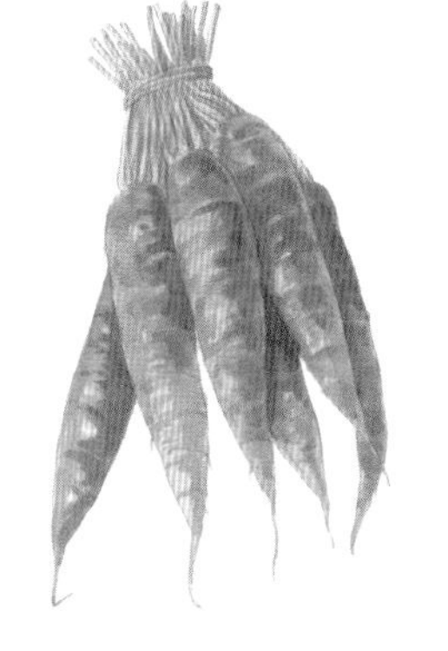

胡萝卜

佛手瓜

葫芦

花椰菜

黄瓜

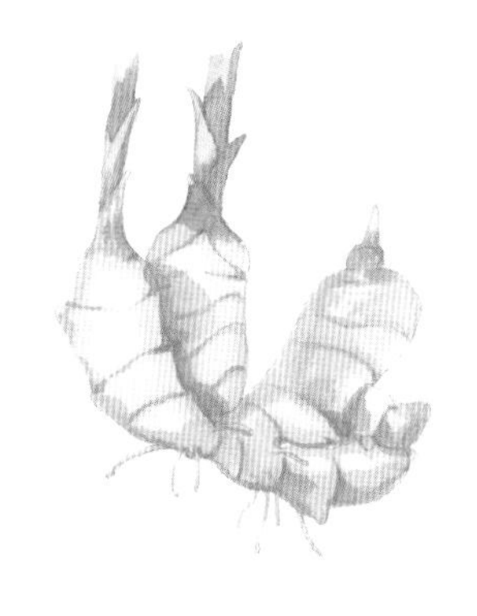

姜

目录

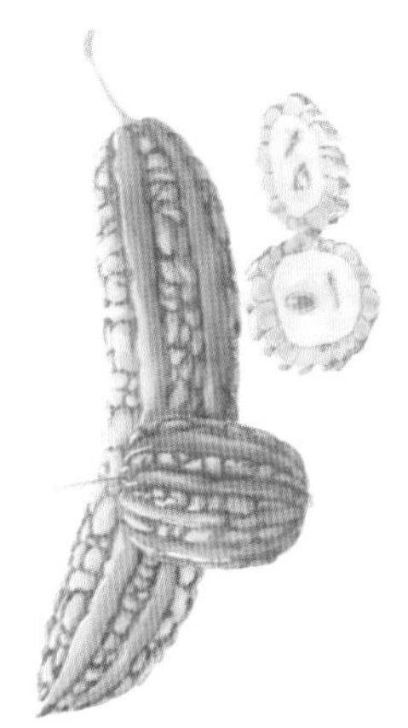

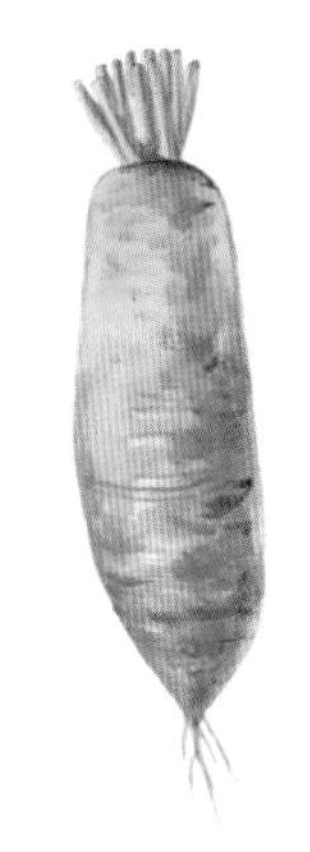

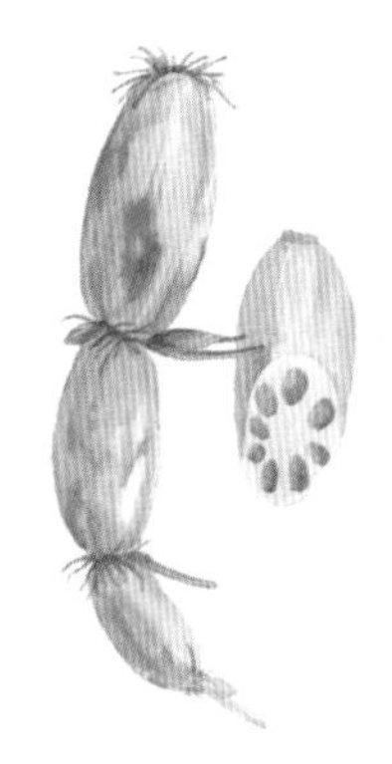

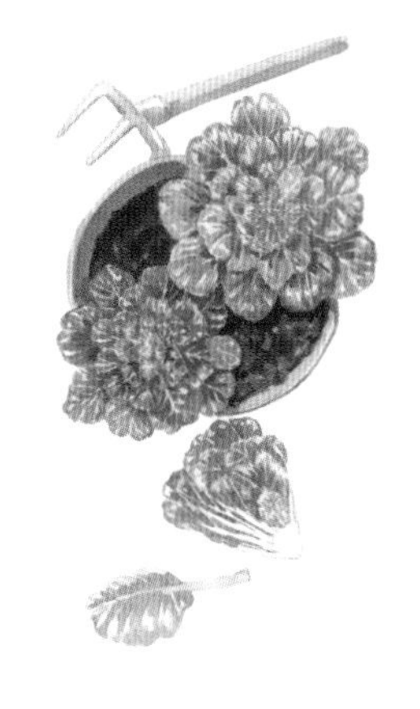

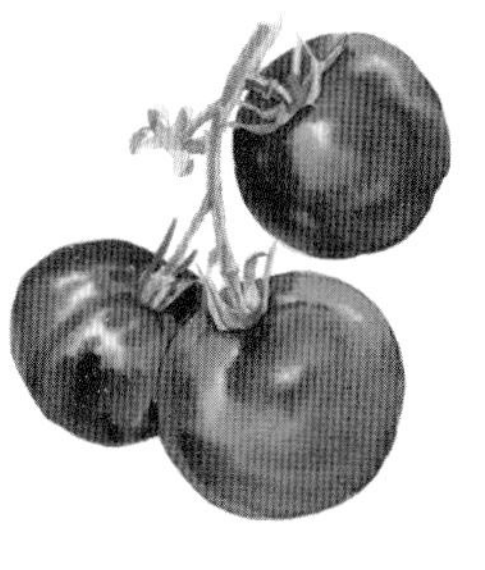

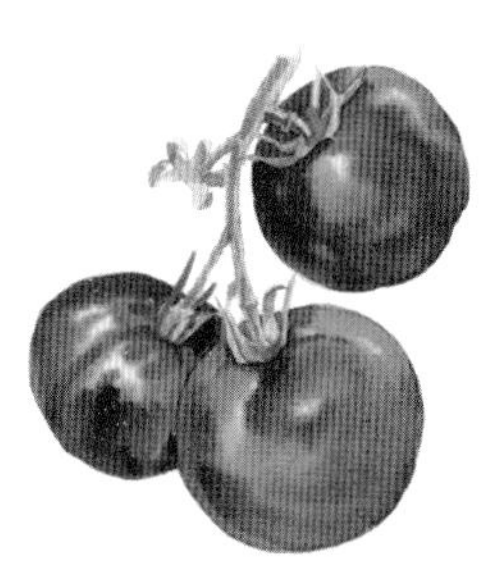

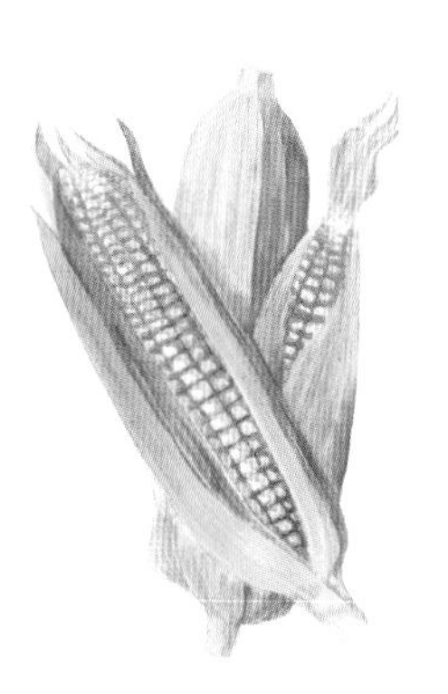

白菜

【十字花科芸薹属】

白菜原产于中国，各地均有种植，通常会在秋季播种，冬季或第二年春季收获，也有一些地区在夏季播种，在晚秋收获。白菜叶长在极短的茎上，就像直接从根上生长一样，呈莲座状。叶子一层层紧紧包在一起，形成了球状，俗称“叶球”。叶球较大，有时可重达3千克。

白菜叶球外层的叶子呈浅绿色或浓绿色，菜心部分呈奶白色或淡黄色，因此也称“黄芽菜”。

白菜清甜可口，可炒、炸、凉拌，也可以腌制成泡菜，具有清肠利便的功效。

别称：结球白菜、绍菜、大白菜、黄芽菜

种类：一年或二年生草本植物

高度：40~60 厘米

扁豆

【豆科扁豆属】

扁豆是缠绕性藤本植物，在培育时需要搭架，不同地区播种及收获的时间各不相同。扁豆的营养成分相当丰富，富含蛋白质、维生素及膳食纤维，是亚洲各国人民夏季最常食用的蔬菜之一。扁豆花分红与白两种，嫩豆荚作为蔬菜是很美味的。

扁豆花是中药材，同时扁豆还有清热解毒的功效。

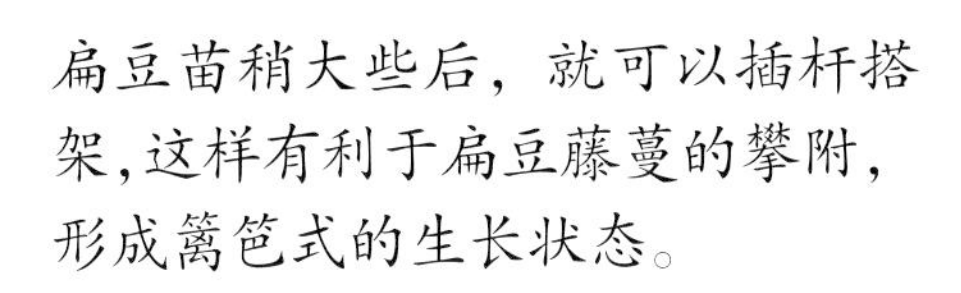

扁豆苗稍大些后，就可以插杆搭架，这样有利于扁豆藤蔓的攀附，形成篱笆式的生长状态。

扁豆可用炒、炖、焖等多种烹饪方式，与蘑菇一起爆炒会有特殊香气。

别称：火镰扁豆、藤豆、鹊豆

种类：多年生缠绕藤本植物

高度：茎长6米

菠菜

【藜科菠菜属】

菠菜原产于伊朗，在唐朝初期，从尼泊尔传入中国，并在中国普遍栽培，是极常见的蔬菜之一。菠菜富含类胡萝卜素、维生素C、维生素K、矿物质、辅酶Q10等多种营养元素，是人们喜食又营养丰富的蔬菜。

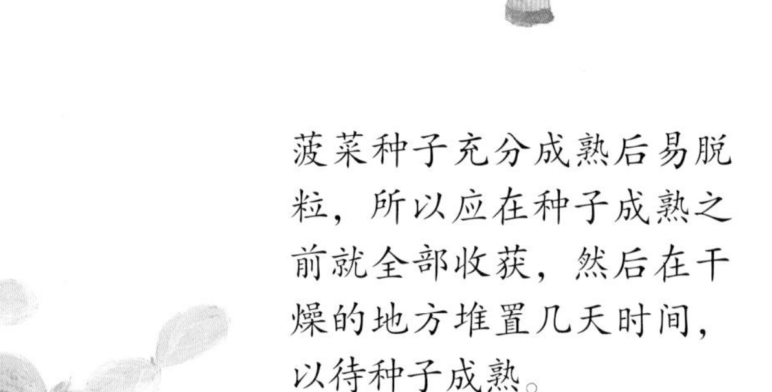

菠菜种子充分成熟后易脱粒，所以应在种子成熟之前就全部收获，然后在干燥的地方堆置几天时间，以待种子成熟。

菠菜属耐寒蔬菜，种子在4℃气温中即可发芽，最适宜生长的温度为15~20℃，25℃以上生长不良，地上部分能承受−8~−6℃的低温。

别称：波斯菜、赤根菜、鹦鹉菜

种类：一年生草本植物

高度：40~100 厘米

甜椒是辣椒的一个变种，味道不辣或微辣，富含多种维生素及抗氧化剂，品种丰富且颜色鲜艳，深受世界各地人们的喜爱。常见的甜椒有红色、黄色、绿色、紫色等，无论是西餐还是中餐，常会用它作为点缀。甜椒对治疗白内障、心脏病都有一定辅助作用。

甜椒

（茄科辣椒属）

甜椒的果实颜色丰富，接近扁球状，表面有多条内凹沟，成熟时，犹如一个个小灯笼挂在枝间，很美观。

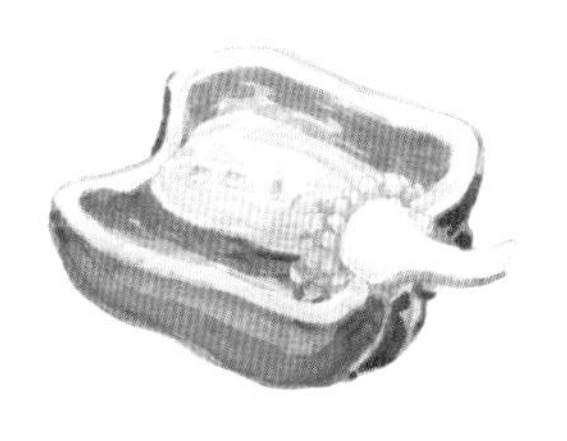

甜椒常作为开胃菜品或沙拉，也可用来做汤、炖菜等。

别称：灯笼椒、柿子椒

种类：一年或二年生草本植物

高度：20~50 厘米

菜豆是人们经常食用的豆科植物，俗称“二季豆”或“四季豆”。嫩荚或种子可作为鲜蔬，也可腌渍、冷冻、干制或加工制成罐头。菜豆营养丰富，含有蛋白质、糖类、膳食纤维、钙、磷、钠等人体所需的营养成分，尤其钙的含量非常高，是补钙佳品。

菜豆

【豆科菜豆属】

菜豆的叶子呈绿色，互生，心脏形。

夏季，菜豆开花，花朵授粉凋谢后，结出绿色的豆荚。

菜豆是一年生缠绕或近直立草本植物。茎被短柔毛或老时无毛。

别称：芸豆、白肾豆、架豆、刀豆、扁豆、玉豆

种类：一年生直立草本植物

高度：2~3 米

菜心

（十字花科芸薹属）

菜心是中国特产蔬菜，适合生长在温暖的南方，一年四季都可以种植。主根不发达，须根较多，扎入土壤不深，拥有较强的再生能力。花茎较长，每当花开的时候，花茎顶端开出黄色的花朵，与油菜花有点儿相似。叶子和嫩茎是菜心的可食用部分，做汤或炒制小菜，口感鲜嫩、清淡爽脆。因菜心不适合在北方生长，所以在北方的食用量无法超过大白菜。

花冠比较特别，呈十字形，为黄色。

叶子呈卵圆形或椭圆形，叶片较宽，为黄绿色或深绿色，边缘处呈波浪状。

别称：白菜薹（tái）、水白菜花

种类：一年或二年生草本植物

高度：20~50 厘米

葱与蒜一样，是人们烹饪时使用频繁的作料，做拌菜、汤等均要使用，具有去除膻味和腥味的作用。葱长有圆柱形的葱茎，葱茎外皮呈白色，由多层薄薄的叶轴包裹形成；叶子为中空的圆筒状，较长，尾端细尖。叶子和茎均可食用。葱的种类很多，不同品种的叶子和根部的粗细均有所差别。

葱

【百合科葱属】

别称：大葱、香葱、小葱、四季葱

种类：多年生草本植物

高度：20~40 厘米

豆薯（豆科豆薯属）

豆薯富含淀粉，人们主要食用其块根。较大的圆锥形块根，肉质为白色，含糖类、蛋白质和维生素，可以凉拌、煮炖。值得注意的是，豆薯的种子及茎叶中含剧毒。

豆薯的荚果呈扁平状带形，长7.5~13 厘米，表面粗糙多细毛；每个荚内约有 8~10 颗荚豆。

块根呈扁球形，脆嫩多汁，一般直径为 20~30 厘米。

别称：沙葛、凉薯、番葛

种类：一年或二年生草本植物

高度：20~50 厘米

冬瓜

【葫芦科冬瓜属】

冬瓜是蔓生或架生草本植物，常搭棚架让藤蔓缠绕延伸生长。冬瓜一般生长在阳光充足、温暖的地方，是一种夏季蔬菜。果实为食用部分，果肉为肉质，呈长圆形或近似球形。冬瓜体积较大，重 3~4 千克，当吊在藤上生长时，茎部常常会发生断裂，所以，人们会用木板来托住果实。未成熟的果实鲜嫩，适合煮汤或清炒。果皮和种子可供药用，具有消炎、利尿、消肿的功效。

将冬瓜切开，可以看到白色的果肉。

花冠为黄色，呈辐射状生长。

叶子是较为柔软的纸质，呈近似圆形的肾状，基部呈深心形，边缘处有小齿。

别称： 枕瓜、白瓜、水芝、地芝

种类： 一年生蔓生或架生草本植物

高度： 20~70 厘米

番薯带有甜味，其植株的块根长在地下，故而又被称作“地瓜”。番薯的种类较多，其中红色和黄色的品种最常见。一般来说，夏初开始育苗，秋季收获。从夏季到收获前，都可以采摘番薯茎及番薯叶子作为食材。

番薯

【旋花科番薯属】

番薯呈纺锤形、椭圆形或圆形，切开后，里面的颜色、花纹因为品种的不同而存在差异。

番薯的产量很高，可以放到地窖里储存很长时间，也可以加工成淀粉。

番薯叶子和茎都是家畜饲料的优良原料。

别称：红薯、地瓜、甘薯、番芋

种类：一年生草本植物

高度：20~40 厘米

胡萝卜

【伞形科胡萝卜属】

胡萝卜和白萝卜一样，可食用部分主要为根。虽然胡萝卜与白萝卜在名称上仅有一字之差，但是口感存在很大区别，胡萝卜又脆又甜，不带丝毫辣味。胡萝卜含有丰富的胡萝卜素及多种维生素，营养价值比较高，多吃可以明目，还可以让肌肤变得细腻光滑，深受人们的喜爱。

胡萝卜的根直扎入土壤中，口感又脆又甜，但比较硬。红色的表皮很光滑。切开胡萝卜，还会发现它的果肉也是红色。

把剩余的胡萝卜头放入水中，进行无土栽培，几天之后，就会发芽。

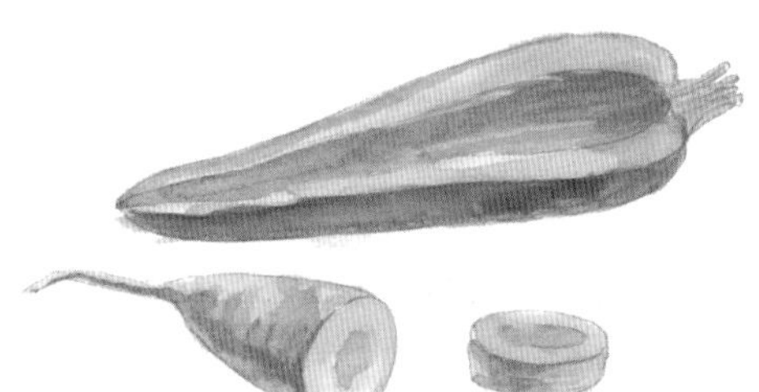

别称：红萝卜、番萝卜、小人参

种类：二年生草本植物

高度：20~40 厘米

佛手瓜

【葫芦科佛手瓜属】

佛手瓜因瓜形像双掌合十，具有佛教祝福之意而得名。其口感清脆，一般在秋末收获，可以作为蔬菜食用，也可以当成水果。佛手瓜可以贮藏很长时间，在常温下可以从10月贮存到次年3~4月。有卷须，可以缠绕在棚架上生长，每当结果的时候，一个个倒卵形的佛手瓜吊在长长的茎上，具有观赏价值。

叶子近似圆形，中间有较大的裂片，侧面有较小的裂片，基部为心形。

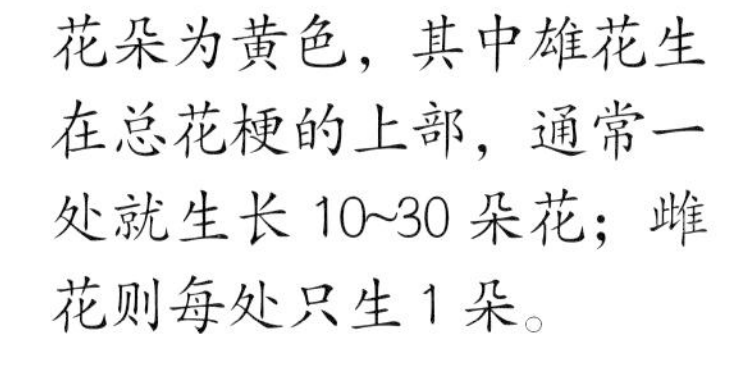

花朵为黄色，其中雄花生在总花梗的上部，通常一处就生长10~30朵花；雌花则每处只生1朵。

果实上长有纵向沟痕。

别称： 洋丝瓜

种类： 多年生宿根草质藤本

高度： 20~40 厘米

葫芦因果实的形状而得名，是一种爬藤植物，一般生长在温暖、避风的环境。它的藤可长达15米。夏季，藤上会开出白色的花朵。这些花朵多在晚上开放，故而被称作“夕颜”。鲜嫩的葫芦可食用，凉拌或炒制均可。

葫芦

【葫芦科葫芦属】

葫芦果实逐渐成熟，呈现出玉石般的光泽。

待葫芦果实变硬至完全成熟，就可以采摘下来，锯成两半制成瓢。瓢可以用来舀水、盛放食物。

别称： 抽葫芦、壶芦、蒲芦

种类： 一年生攀缘草本植物

高度： 20~60厘米

花椰菜（十字花科芸薹属）

花椰菜原产于地中海东部海岸，约在 19 世纪中叶引进中国。现在，中国花椰菜种植面积及总产量位居世界前列。花椰菜味道鲜美，含有丰富的维生素 C 及多种人体必需的营养元素，是一种很受人们欢迎的蔬菜。花椰菜还含多种吲哚类衍生物，有分解致癌物质的能力，具有抗癌功效，被列入“保健食品”。

花球由肥嫩的主轴和 50~60 个一级肉质花梗组成；正常花球为半球形，表面呈颗粒状，质地致密。

花椰菜有白、绿两种颜色，绿色的叫作西蓝花，可做凉菜或配菜使用。

别称：花菜、菜花、椰菜花

种类：一年或二年生草本植物

高度：20~50 厘米

黄瓜

【葫芦科黄瓜属】

黄瓜是夏季最常见的蔬菜之一，春季播种，夏季结果。黄瓜属于攀缘性植物，可以缠绕在搭架上生长。黄瓜鲜嫩时含有较多水分，清脆爽口，表面有尖刺，随着不断生长、成熟，会由原本的嫩绿色，变成黄绿色或黄色。茎和藤成熟后，都可供药用，具有消炎和祛痰的功效。

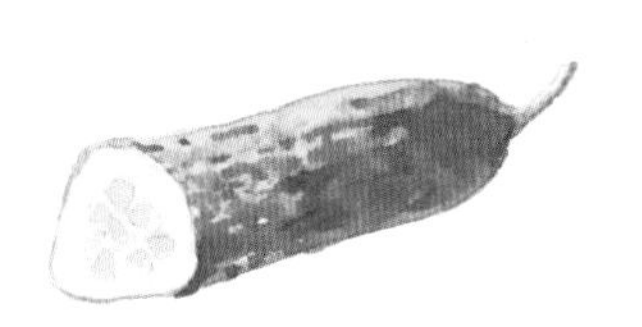

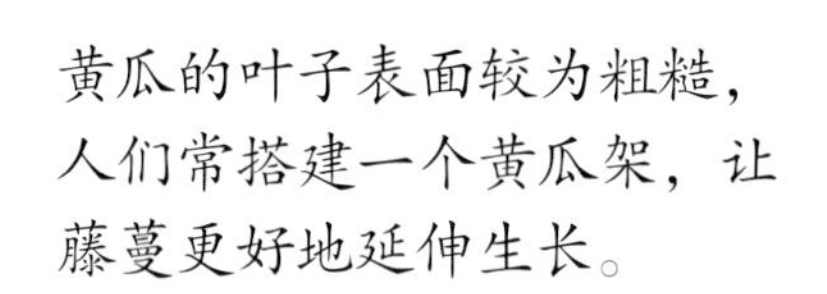

黄瓜的叶子表面较为粗糙，人们常搭建一个黄瓜架，让藤蔓更好地延伸生长。

老黄瓜和鲜黄瓜均可以生食或煮熟食用，也可以腌制成各种小菜。

别称： 青瓜、胡瓜、刺瓜

种类： 一年生蔓生或攀缘草本植物

高度： 20~40 厘米

姜具有浓郁的香味，可以去除腥味和膻味，还可以为食物增香，是日常烹饪的调味料之一。春季播种，秋季收获。姜的根茎较为肥厚，块茎就是可食用部分。姜的功效很多，姜茶可以驱寒；晕车时，口中含一块姜片可以缓解眩晕。

姜的表皮呈淡黄色，去皮切开后，露出黄色的姜肉，还会散发出刺激性的气味。

姜的花梗很长，可达 25 厘米，开花的时候，长出穗状花序，花冠呈黄绿色，点缀其中，非常美观。

别称： 生姜、白姜、川姜

种类： 多年生草本植物

高度： 20~40 厘米

卷心菜在亚洲各国均有种植，它并非一开始就是球状，原来卷心菜的叶子是向四周散开的；后来，随着生长，叶子不断向内收拢，逐渐形成一个球形。卷心菜口感清脆，带有甜味，可切成丝凉拌、蒸或炒熟食用，西方人常用它做沙拉，几乎每天都会食用。

卷心菜

【十字花科芸薹属】

卷心菜品种较多，有绿色、白色和紫色的。叶子光滑厚实，每一层都相互紧贴着，而且越内层的叶子褶皱越多。

卷心菜适合生长于阴凉的环境，在秋季收获的卷心菜口感更佳。

别称： 圆白菜、包菜、包心菜

种类： 二年生草本植物

高度： 20~40 厘米

苦瓜因果肉带苦味而得名。适合生长在高温和光照充足的地方，藤蔓可以附着在其他物体上攀缘生长。在夏季开花，可食用部分果肉和假种皮可翻炒或煮汤，具有降火的功效。

苦瓜

（葫芦科苦瓜属）

苦瓜在开花的时候，花朵生于枝端或茎端，每一处只生一朵花，花冠呈黄色。苦瓜的藤蔓攀着棚架生长，种植在庭院中，可供观赏。

苦瓜的叶柄很短，叶片呈卵状肾形或近似于圆形，叶片裂开如张开的手掌。

苦瓜可以制作各种菜肴及糕点。

别称：凉瓜、癞葡萄

种类：一年生攀缘状柔弱草本植物

高度：20~40 厘米

辣椒中最常见的品种为青椒和红辣椒，均可以采摘食用。红辣椒还可被晒干，磨成辣椒粉，用作烹饪调料。加入辣椒粉的食物不易变质，所以制作泡菜或腌制蔬菜时，辣椒粉会作为调味料之一。

辣椒

【茄科辣椒属】

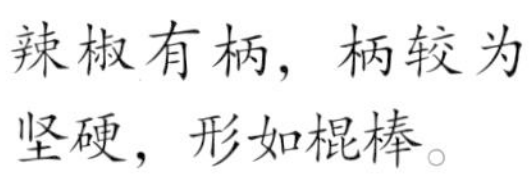

辣椒有柄，柄较为坚硬，形如棍棒。

红辣椒成熟后，内部的籽由原来的白色变成黄色。

辣椒不耐寒，适合生长在阳光充足的环境里。

别称：辣子、辣角、牛角椒、红海椒

种类：一年或多年生草本植物

高度：40~80 厘米

白萝卜

【十字花科萝卜属】

白萝卜口感好且具有药用价值，现今已经有上千年的种植历史。白萝卜可食用的部分包括肉质的直根和叶子，又因其直根多为白色而得名。肉质的直根较为肥大，有的全部扎入土壤中，有的会有部分露在外面。多食用白萝卜有助于防癌抗癌、止咳化痰、清肠排毒等。

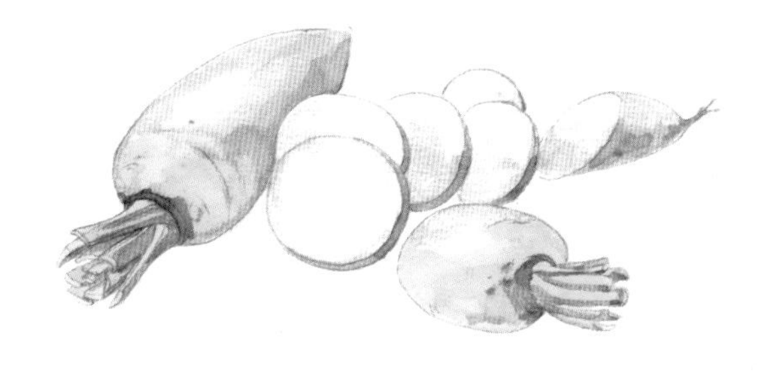

白萝卜口感清脆，略带甜味和辣味，加盐和糖搅拌均匀制成腌菜，搭配面条或粉丝，不仅能增加食欲，还可以促进消化。

白萝卜裸露在外的肉根经过阳光的照射会变成绿色，其口感比土壤中的白色部分更甜、更脆。

别称： 莱菔、菜头、芦菔

种类： 一年或二年生草本植物

高度： 50~80 厘米

南瓜

【葫芦科南瓜属】

春季种植南瓜苗，只需施肥一次，南瓜藤就会延伸生长，然后开花、结果。南瓜全身都是宝，没开花时，嫩绿的叶子和茎可以炒制食用；当花开后，结出较小的、嫩绿的南瓜，也可以作为食材； 等南瓜变为成熟的、黄澄澄的老南瓜时，可以熬粥或者清蒸，味道香甜。

老南瓜形如轮胎，果肉清甜，内部有很多南瓜子。

将老南瓜中的南瓜子取出晒干，炒制食用，回味无穷。

别称： 番瓜、北瓜、吊瓜、麦瓜

种类： 一年生草本植物

高度： 20~40 厘米

藕其实就是荷花的块茎。生长在污泥里，呈节状，是荷花储存养分的部位。切开藕，会发现内部多孔，还会拉出很多细长的丝。莲藕可以切片清炒，也可以腌制，口感清脆。如果磨成粉，冲泡饮用，可以治愈幼儿流鼻血的症状。

花朵授粉凋谢后，会长出莲蓬，其形状如喷头，每个“喷水孔”内都有一个又圆又硬的莲子。

每到仲夏时节，荷花绽放，硕大的花朵掩映在绿叶间，非常美观。

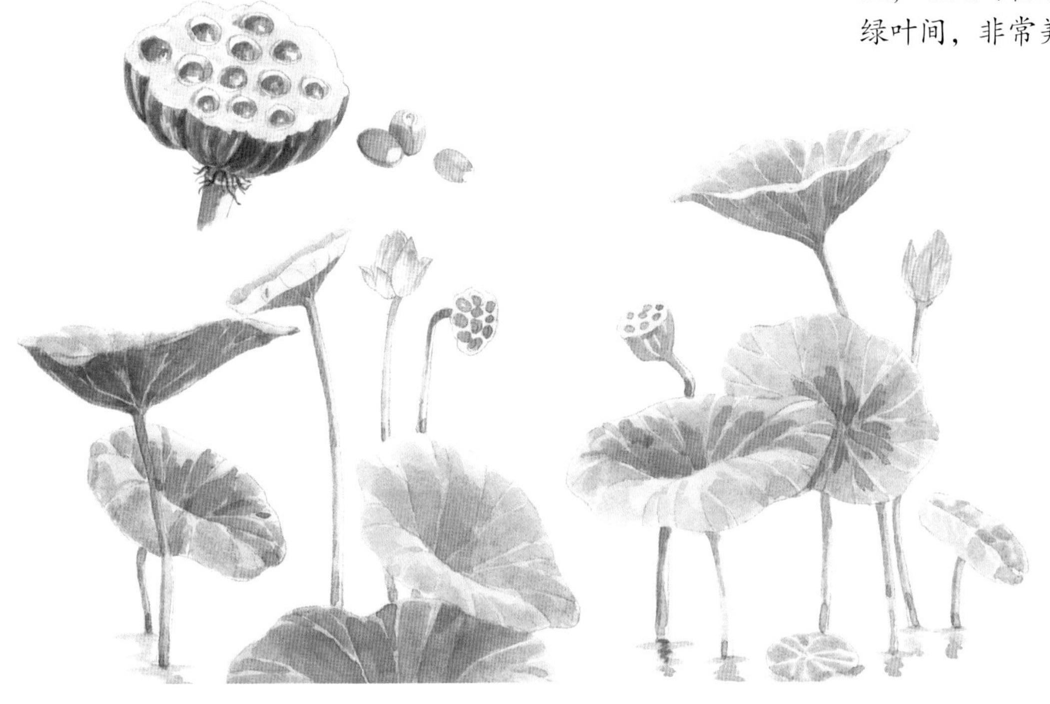

别称：莲藕

种类：多年生草本植物

高度：20~40 厘米

生菜

【菊科莴苣属】

生菜又称“散叶莴苣”，叶子是主要可食用部分。生菜春季播种，夏季时，嫩叶便可食用。生菜可以生吃或煮熟食用，还可以包饭团。西方人还喜欢将生菜放在汉堡包中间，食用时清脆爽口。叶子中含有白色汁液，这种汁液具有镇痛和催眠的功效。

生菜在6~7月开花，花朵生于枝端，花冠为黄色。

叶子表面有很多褶皱，像水纹一样。

别称：散叶莴苣

种类：一年或二年生草本植物

高度：20~40厘米

蒜

（百合科葱属）

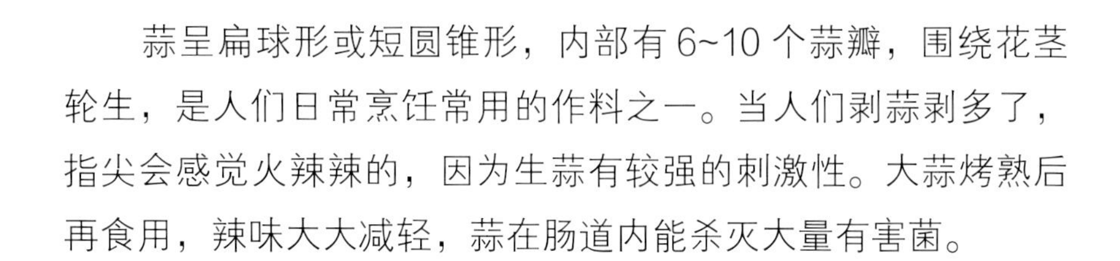

蒜呈扁球形或短圆锥形，内部有 6~10 个蒜瓣，围绕花茎轮生，是人们日常烹饪常用的作料之一。当人们剥蒜剥多了，指尖会感觉火辣辣的，因为生蒜有较强的刺激性。大蒜烤熟后再食用，辣味大大减轻，蒜在肠道内能杀灭大量有害菌。

从大蒜中长出的花轴即蒜薹，有蒜的味道，可以食用。

把蒜晒干，放到阴凉处，保存一年后仍可以食用。

大蒜由多个蒜瓣组成，将每瓣蒜的皮剥掉，才可以食用。

别称：蒜头、独蒜、胡蒜

种类：多年生草本植物

高度：20~40 厘米

土豆又称“马铃薯”，是世界范围内普遍种植的粮食作物。中国是世界上种植土豆最多的国家。土豆中的淀粉含量较高，将土豆切开或削皮时，沾在手上的白色粉末，就是淀粉。土豆既可以当作主食，也可以当作蔬菜。

土豆

【茄科茄属】

很多人认为平常吃的土豆是土豆的根部，事实上，我们食用的是土豆根部末端的块茎。当开花时，花朵生在植株顶端或顶端的侧面，花色为蓝紫色，很美观。

将土豆制成薯条，再配以番茄酱，非常美味。

别称：马铃薯、洋芋、山药蛋、荷兰薯

种类：一年生草本植物

高度：20~50 厘米

豌豆

（豆科豌豆属）

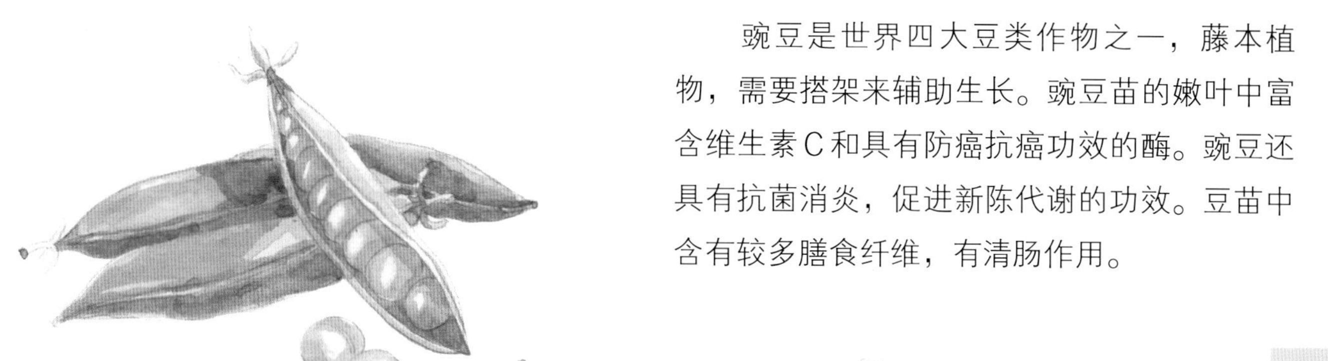

豌豆是世界四大豆类作物之一，藤本植物，需要搭架来辅助生长。豌豆苗的嫩叶中富含维生素C和具有防癌抗癌功效的酶。豌豆还具有抗菌消炎，促进新陈代谢的功效。豆苗中含有较多膳食纤维，有清肠作用。

豌豆主要产于中国的华北、东北、华东、西南地区。完全成熟后的豌豆，剥去豆荚，晒干磨成粉，还是优质饲料的原料。

豌豆叶子为卵圆形或椭圆形，花色多样且花萼呈钟状。

别称： 青豆、麦豌豆、寒豆

种类： 一年或二年生草本植物

高度： 50~200 厘米

莴笋在多个季节均可培育，但主要以春季为主。有青笋和紫皮笋两种，外皮浅绿的是青笋，外皮紫绿色的是紫皮笋。莴笋肉质脆嫩，营养丰富，对孩子的生长发育有益处。为了使营养成分少受损失，吃莴笋时最好洗净凉拌食用。

莴笋

【菊科莴苣属】

莴笋可生食、凉拌、炒制、晒干或腌渍，嫩叶也可食用。

莴笋含有丰富的营养成分，特别是莴笋叶的营养价值更高。

别称： 千金菜、石苣

种类： 一年生草本植物

高度： 20~100 厘米

乌塌菜（十字花科芸薹属）

乌塌菜属于中国南方地区的蔬菜，它相当耐寒，可以露天越冬，在冬季深受人们喜爱。乌塌菜含有大量的膳食纤维，对防治便秘有很好的作用，被称为“维生素菜”。乌塌菜中的维生素C含量较高，成人食用 100克乌塌菜，就基本满足人体当天所需的维生素C，因此，乌塌菜很受欢迎。

乌塌菜还能腌制成咸菜，不仅可以保留营养成分，还十分美味。

乌塌菜可凉拌也可以炒制，如素炒乌塌菜；还可以做汤。

别称：塌棵菜、黑桃乌

种类：一年或二年生草本植物

高度：30~40 厘米

番茄表皮光滑，内部充满了松软的籽和汁液。轻轻一捏，汁液就会溅出。番茄产量很高，可以种植在田地里，也可以直接栽种在花盆里，生长期需要搭架子。番茄含有丰富的胡萝卜素、果酸、维生素及钙等，深受世界各地人们的喜爱，尤其是番茄还能制成番茄酱来烹饪各种美食。

番茄

【茄科番茄属】

番茄品种很多，体积也各有不同，较大番茄如拳头般大小，小番茄如玻璃弹珠般大小，可以一口吞下。

番茄在夏季开花，花朵为黄色，授粉后凋谢，会结出绿色的果实。果实不断长大成熟，由绿色变为鲜红色。

别称： 西红柿、洋柿子

种类： 一年或多年生草本植物

高度： 60~150 厘米

玉米是世界上产量较高的粮食作物，与水稻、小麦等为亚洲人的主食。玉米味道香甜，含有丰富的蛋白质、维生素和纤维素，可制作各式菜肴及饮品，如可口的玉米汁，农民伯伯常食用的“窝窝头”也是由玉米面制成的。玉米还是最常见的饲料。

玉米

（禾本科玉蜀黍属）

甜玉米既可以煮熟后直接食用，又可以制成各种风味的罐头和冷冻食品。

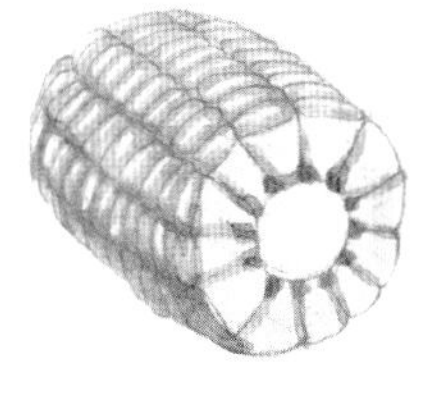

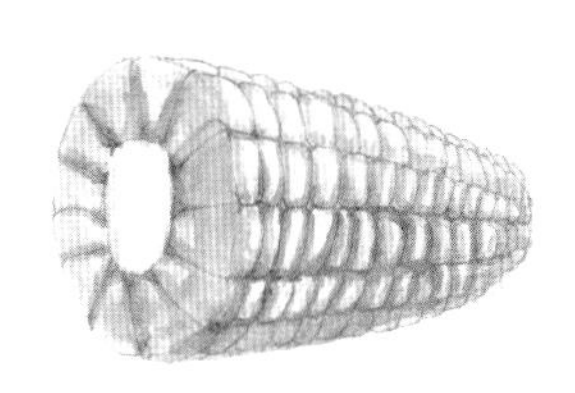

风干的玉米粒可以制成香喷喷的爆米花。

别称： 苞谷、苞米、玉茭

种类： 一年生草本植物

高度： 1~2 米

茄子

【茄科茄属】

茄子分为表皮深紫色和绿色两个品种，其中紫色最为常见。茄子的表皮光滑发亮，用煮熟的茄子拌米饭，米饭会被染成茄子的颜色。茄子除了果实可以食用外，根、茎、叶亦可供药用，具有利尿的功效，叶子还可以用作麻醉剂。

茄子产量很高。夏季，茄子开花后结出紫色的果实，逐渐长大变得饱满。紫色茄子的花、果实及茎都是紫色的。

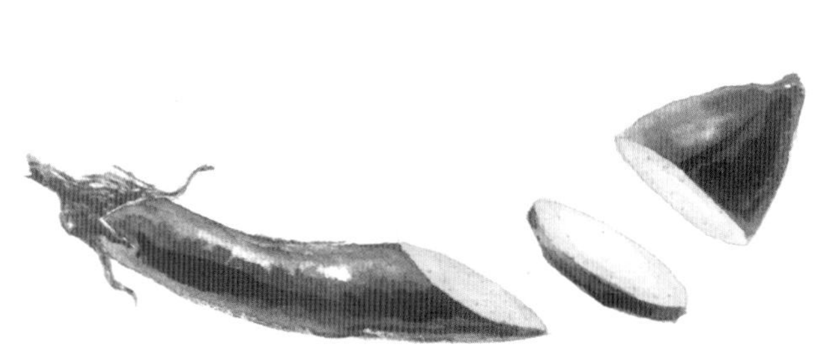

茄子内部非常柔软，像海绵一样，很吸水，也很吸油。

别称：矮瓜、紫茄、昆仑瓜

种类：一年生草本植物

高度：40~60 厘米

芋头与土豆相似，只是体积较小。将芋头去皮，置于淘米水里煮熟，味道和土豆也很相似。芋头是植株基部的短缩茎，随着养分的积累，逐渐变得肥大，形成球状肉茎。叶子非常大且表面光滑。下雨的时候，常有青蛙躲在叶子下面避雨。

芋头

（天南星科芋属）

叶柄又称为“芋梗”，可以剪下来煮熟食用，也可以晒干，保存一段时间后，再翻炒食用。

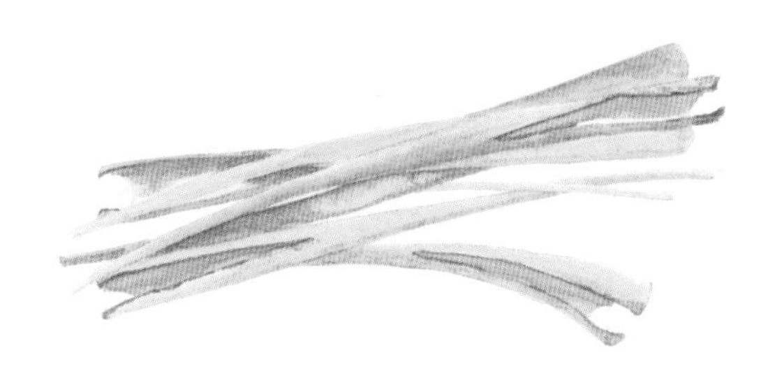

芋头口感细软、绵甜香糯，人们炖肉时会加入芋头。

芋头适合生长在潮湿的地方，常种植在井边和水沟旁。

别称： 青芋、毛芋头

种类： 多年生草本植物

高度： 90~110 厘米